好人缘女孩的超级法宝
情商提高

刷刷 著

希望出版社

图书在版编目(CIP)数据

好人缘女孩的超级法宝:情商提高/刷刷著.
太原:希望出版社,2025.3.--(女生成长小红书).
ISBN 978-7-5379-9318-0
Ⅰ.B842.6-49
中国国家版本馆CIP数据核字第2025KA3520号

HAO RENYUAN NÜHAI DE CHAOJI FABAO　QINGSHANG TIGAO
好人缘女孩的超级法宝 情商提高　　　　刷刷著

出版人：王　琦	美术编辑：安　星
项目统筹：翟丽莎	封面绘图：赵倩倩
责任编辑：乔　艳	装帧设计：安　星
复　　审：翟丽莎	责任印制：李　林
终　　审：傅晓明	

出版发行：希望出版社
地　　址：山西省太原市建设南路21号
开　　本：880mm×1230mm　1/32　印　张：5.25
版　　次：2025年3月第1版　印　次：2025年3月第1次印刷
印　　刷：山西基因包装印刷科技股份有限公司

书　　号：ISBN 978-7-5379-9318-0　定　价：29.00元

版权所有　盗版必究

目录

1 善意的谎言是美丽的 ………… 01

2 女生要学会自我保护 ………… 21

3 选择坚强 …………………… 35

4 抱怨与感恩 ………………… 49

5 有同情心的女生更美丽 …… 67

6 请敞开心扉 ………… 79

7 不要轻信网上的陌生人 …… 93

8 走出网络世界 ………… 105

9 矛盾中的生存技巧 ………… 117

10 一个人的公交车 ………… 135

11 勇敢面对自己的错误 …… 151

1 善意的谎言是美丽的

我们要学会辨别恶意的、居心叵测的谎言,保护自己不受伤害。对于那些温馨的、仁慈的、善意的、有恻隐之心的谎言,就让它们在生活中像七色花般悄然绽放吧!

女生成长 小红书

春风裹着泥土的芳香,从教室的窗户悄悄地溜进来。

教室里,琅琅的读书声吸引了春的气息,让那股淡淡的暖意萦绕在教室中,令每一个同学都感觉到春的步伐近了,更近了,春天就这么来了。

上完下午第二节课,学校通知全校进行大扫除。同学们立刻行动起来。扫地、擦黑板、抹桌子、擦玻璃……每个人都在卖力地干活。

"小静,你别动,让我来。"

小静刚提起一大桶水,心梅忙不迭地走过来说。

"没事,我提得动。"小静冲心梅笑笑。

"放着吧,我来,我正好要去

洗抹布,顺便替你把这桶脏水倒了。"心梅不由分说地提起水桶就走了。

小静感激地说:"谢谢你!"说完,她转身拿起拖把,就拖起地来。

"呀,谁让你拖地的,别来抢我的活。你还是把拖把给我吧!"看到小静拿起拖把,丽丽立刻上前接了过来。

"你们怎么什么都不让我干呢?难道我不是班里的一员?今天既然是全校大扫除,我就应该和大家一起打扫卫生呀。"小静有些急了,说这些话的时候,心底十分委屈,"我可不是懒惰的人!"

"你别生气嘛。"劳动委员走过来,扶着小静的肩膀说,"谁不让你干活了?我告诉你,你有一项特别重要的任务。"

"是什么?"小静的脸上露出了笑容。

"你负责检查,如果让周老师挑出毛病,咱们

女生成长 小红书

可得重新打扫哦。"劳动委员说着,就把小静拉到窗边,"来来来,先好好检查一下咱们班的玻璃是不是擦干净了。"

"好吧,我听你的安排。"小静睁大眼睛,仔仔细细地检查教室里的每一个角落。如果发现哪儿不干净,她便用抹布擦干净。

看着小静认真的模样,劳动委员迅速转过身,用手背擦了擦眼角将要落下的泪珠。

全班同学都守着一个天大的秘密,一个唯独小静不知道的秘密。大家之所以对她如此照顾,是因为一个月前,她生了一场病,在医院被查出腿上长了一个肿瘤。

当班主任把这个消息告诉大家后,班长第一个站起来说:"这事绝不能告诉小静,从现在开始,她是我们班的重点保护对象!"

大家齐刷刷地点头,心底发出同一个声音:"希望小静能早日康复,千万不要应了医生最不好的结果——截肢。"

后来,大家得知小静家并不富裕。为了给小静筹集治病的钱,在周末,班长会悄悄带着一些同学去市中心募集捐款。

这些事,大家已经达成共识,任何人都不能告诉小静。

医生说,小静不能太劳累,大家便小心翼翼地呵护她;医生说,小静要保持愉快的心情,大家便设法逗她开心;医生说,小静要加强营养,中午吃饭的时候,总有同学借口不想吃,将自己碗里的肉和蛋夹给小静……

同学们格外细心的呵护让小静惴惴不安,也让小静有种不好的预感。

大扫除结束后,小静、心梅和丽丽并肩回家。路上,小静忐忑不安地说:"自从上次从医院回来,

 女生成长 小红书

我经常觉得腿疼得厉害。你们说,我的腿会不会有什么毛病了?我现在每走一步都会疼。瞧,膝盖上居然鼓起了一个大包!"

心梅和丽丽的脸上闪过一丝惊讶,紧接着,她们努力让自己看起来平静又坦然。

"你别胡思乱想,腿疼还不是因为你走路走多

了。我还腿疼呢！"心梅说到这儿，便弯腰敲打起自己的小腿，"听说长个子的时候，腿也会疼。丽丽，你说，对吗？"

"对对对！"丽丽忙点头道，"我妈妈说了，长个子的时候，骨头要拉长，当然会疼。"

丽丽说得有凭有据，小静原本担心的脸上露出了一个放心的笑容："真的吗，你们的腿也会疼？这下我就安心了。唉，最近这腿老疼，害我写作业的时候都坐不住呢！"

"坐不住的话，你就起来动动，或者在床上躺一会儿。"心梅劝小静道，"你呀，平时不要总学个没完没了，要多休息，记住：功课虽然重要，但必须注意身体。"

"我的身体？"小静突然觉得她们对自己身体的关心超过了一定的程度，她忍不住追问，"我的身体是不是出问题了？你们是不是有什么事情瞒

着我?"

"没有,没有!"心梅和丽丽用力地摇头。

丽丽赶紧说:"我们的意思是……我们仨都要注意身体。"

"哦,"小静听丽丽这样说,又问,"你们确实没瞒着我什么吧?"

"瞒你什么啊?你个臭丫头还是不是我们的好朋友?是好朋友就不要疑神疑鬼!"心梅说完,摸了摸小静的头,"好了,好了,小脑袋别胡思乱想了。今天的作业不少,咱们快回家写作业吧。"

回到家后,小静发现爸爸妈妈正一脸愁容地坐在客厅里。

"发生什么事了?"小静惴惴不安地看着妈妈,妈妈的眼睛通红,显然是刚刚哭过。

可是看到小静,妈妈忙挤出一丝勉强的笑容,说:"没事,没事。"

然后走过来，取下小静的书包："小静，累了吧？来，先喝点鸡汤，再写作业，好吗？"

"好。"小静点点头说，"最近怎么总给我开小灶？我都吃胖了。"

"你呀，"爸爸在小静的小脸上轻轻地捏了一下，"你吃这么多，都没怎么长肉，看来还得多吃些哦！"

喝了鸡汤，小静回屋写作业了。关上房门后，她坐在书桌旁，客厅传来爸爸和妈妈的对话："怎么办？二十多万的费用还差十几万呢，我们能找谁借？"

"我再找一份兼职，无论如何都要救小静！"尽管爸爸的声音压得很低，可小静仍然听得一清二楚。

"我一定是得了什么病!"小静听到这些话,眼泪吧嗒吧嗒地掉下来。她想:爸爸妈妈、老师、同学都不肯告诉自己真相,他们是在用善意的谎言隐瞒着什么。

小静真想冲出去问问爸爸妈妈自己到底怎么了,可是她忍住了。她想:既然大家都在用善意的谎言瞒着我,我为什么要戳穿,让他们的善意变成尴尬呢?想到这儿,她抓起笔,对自己说:"我要当作什么都不知道,和以前一样,该怎么学习和生活,就怎么学习和生活。"这样一来,小静原本紧张、不安的心反而沉静下来了。

几天后,小静又被爸爸妈妈带去了医院。尽管手术费不够,但医生决定先给小静做前期的治疗。毕竟肿瘤这东西,早一天离开身体,会更有利于身体健康。

"你们听说了吗?小静的手术费还不够。"从班

长口中得知这个消息后,心梅决定带头捐款。

"这是我捐给小静的手术费,是我攒下来的压岁钱!"

"我也捐!""我也捐!"大家围着心梅嚷嚷。

当小静躺在医院的病床上时,她不知道,她的同学、她的班级、她的学校正在为她捐款。

当大大小小的钱塞进捐款箱,当每一个人在心底祈祷"小静早日康复"的时候,病魔一定胆怯了,一定害怕了。手术结束后,医生高兴地告诉小静的爸爸妈妈:"她的病还有救,她的腿能保住。"

小静在医院进行后续治疗的时候,心梅、丽丽和班主任代表大家来到医院看望小静。

小静的爸爸妈妈感激地看着他们，半天说不出话来。

"小静，加油！有我们在，你一定能恢复健康！"心梅和丽丽一左一右地握着小静的手。在她们鼓励的目光中，小静眼含热泪。

她哭不是因为自己生病，而是因为自己太幸运、太幸福了。

每天放学后，心梅和丽丽会轮流去医院给小静送课堂笔记和家庭作业本。尽管小静还在康复中，但她决定不落下一点功课，她学得更刻苦，更勤奋了。

半个月后，小静出院了。尽管之后还要治疗一段时间，但是看着灿烂的阳光和瓦蓝的天空，小静相信自己的未来一定是美好的。

期末考试,小静考得很好。

"小静真厉害,生病了也能考得这么好!"大家为小静欢呼,小静则感激地拉着同学们的手,由衷地说:"如果没有你们,我怎么能坚持下去呢?"

"哈哈,哈哈……"教室里传出了欢快的笑声,这笑声传得很远、很高,一直传到蓝天和白云深处。

哲人说:"善意的谎言是美丽的!"

学会说善意的谎言

很多人都读过短篇小说《最后一片叶子》,当生病的青年画家望着衰落凋零的树叶而凄凉绝望时,充满爱心的老画家用精心勾画的一片绿叶去装饰那棵干枯的生命之树,从而维持即将熄灭的生命之光。我们读完之后,眼睛总是湿湿的。

父母一句善意的谎言,让涉世不深的孩童脸若鲜花,灿烂生辉;老师一句善意的谎言,让彷徨的学子不再困惑,更好地成长;医生一句善意的谎言,让恐惧的病人由绝望走向新生……

谎言之所以称为"谎言",是因为它是虚假的、不真实的、骗人的。一个人如果经常说谎，总是哄骗他人，久而久之，就会失去人们的信任。就如同《狼来了》中的那个孩子一样，每天都喊"狼来了"以寻求刺激、开心，当狼真的来了，他只能独自去面对、去承受，再怎么喊叫，也不会有人再来帮助他，因为人们已经不相信他的话了。学会"说谎"，当然不是说这样的谎言。

女生要学会利用善意的谎言去安慰别人、帮助别人，会说善意谎言的女生，心中是有爱的。

即使听到善意谎言的人明知道这是谎言，也一样会努力相信，不会觉得说谎者虚伪，有时还会从心里表示感激呢。

当一个不谙世事的孩子，突然遭遇不幸，失去了父母，该怎样向他说明他的亲人到哪里去了呢？最好的办法是暂时不要告诉他真实情况，待他懂事了，有了一定的承受能力的时候，再以实情相告。他也会理解这种做法，即使他因为没有早知道实情而生气。

有人曾说："我们都说过谎，也都必须说谎。"

生活中，我们不要随便说谎，为了安慰别人或保护别

人，说一些温馨的、仁慈的、善意的、有恻隐之心的谎言，不算是错，就让它们在生活中像七色花般悄然绽放吧！

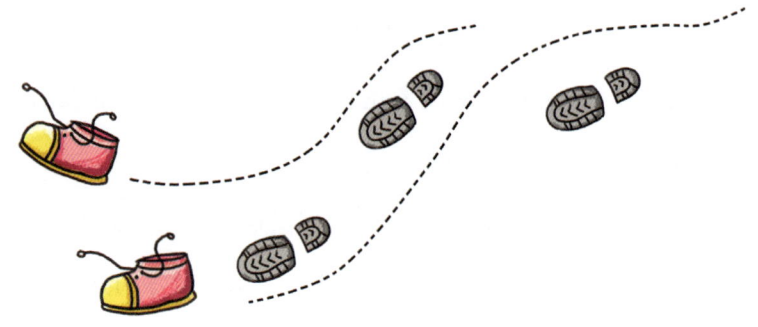

女生小攻略

怎样辨别谎言

学会利用善意的谎言需要爱，但是，对大多数女生来说，学会识破谎言显得更为重要，而识破谎言，你需要的是智慧。下面就教你几招识破谎言的招数。

1. 不提及自身信息

说谎者可能会杜撰出某人或某事，对此，只需要对方提供更细致的信息

就可以，例如：哪所学校？住在哪个小区？电话多少？没有确切信息的人或事，极有可能就是捏造的。

2. 看说谎者的眼睛

实际上，说谎者看你的时候，由于注意力太集中，他们的眼球就开始变得干燥，这会让他们更多地去眨眼睛，这是个致命的特点。

另外，如果人们试图记起确实发生的事情，他们会向左上方看。这种"眼动"是一种条件反射，除非受过严格训练，否则是假装不来的，所以，如果一个人讲述事情时从不看向左上方，眼神总是飘忽不定，他就可能在撒谎。

3. 声音突变

很多说谎者的声音会不自觉地拔高。说话时音量升高，往往是说谎者为了掩饰虚伪的内心。

4. 真笑假笑说明一切

真正的微笑是均匀的，面部两边的肌肉是对称的，它来得快，但消失得慢。伪装的笑容来得比较慢，而且有些不均衡。

5. 说谎者总爱触摸自己

还记得童话里的匹诺曹吗？他说谎的时候鼻子会变长。其实，科学家发现，这是有一定科学道理的，人在说谎时鼻子就会变大。当一个人在说谎时，多余的血液会流到脸上，因而一些人整个面部都会变红，同时还会使他的鼻子膨胀几毫米。当然，这通过肉眼是很难观察到的，但是说谎者会觉得鼻子不舒服，不经意地去触摸它。

2 女生要学会自我保护

正义感会让女生变得更美丽,但是,正义感需要用正确的方式来表达。面对突如其来的威胁,女生首先要做的是——自我保护。

女生成长 小红书

✦ ✦ ✦ ✦ ✦ ✦ ✦ ✦ ✦ ✦ ✦ ✦ ✦ ✦ ✦ ✦ ✦ ✦

从学校到公交车站，要经过一段窄小的巷子。巷子里平常没什么人走动，有些小混混会躲在里面。

强子和艾霏英语听写没有通过，被留在教室抄写单词。写完后，天色已经暗了下来。

"叫声强哥，就送你回家。"强子一边整理书包，一边对艾霏说。

"一边去，就你也能保护我？"艾霏虽然是个女孩，却不是好惹的。

"真没趣。"强子收拾好书包，独自出来了。

刚走到巷子口，强子就被两个大男孩架进了巷子里。

"呀，这不是强哥吗？"为首的男孩盯着强子，边说边拍了拍强子的脸，"给哥哥买两包烟就放你走。"

"可是我没带钱啊,这周的零花钱早就用完了。"

"还嘴硬,给我搜。"

话音刚落,刚才架强子进来的两个男孩就在强子身上搜起来。

"大哥,什么也没有。"

"快说,钱藏哪儿了?"为首的男孩上来就往强子肚子上打了一拳。

强子捂着肚子缩在地上,三个男孩又围了上来,刚准备动手,一个黑影从巷子口冲了进来。那黑影行动十分迅速,一上来便抡起书包朝为首的男孩砸了过去。那三个男孩有些措手不及,吓得躲在一边。

其中一个男孩有些害怕地问:"你……你是谁?别……别多管闲事!"

"本姑娘今天管定了!你们想怎么样?"黑影厉声回答。

"原来是个女的。"三个男孩的胆子一下子大起

来,"臭丫头,看我们今天怎么教训你!"

"谁怕谁?"女孩毫无惧色地怒吼道,"来呀,看我怎么收拾你们!告诉你们,本姑娘可是练家子!今天我不把你们三个打得满面桃花开,你们就不知道花儿为什么这样红。"

为首的男孩犹豫了几秒钟,转身就拉着其他两

个男孩撒腿跑了。

"大恩不言谢,我先走了,后会有期。"

强子刚想走,却被艾霏一把拉住了。

"怎么,我救了你,你一句话就想溜啊!"

"那你还想怎么着?"强子紧张地问。

"哈哈,去给我买个冰激凌压压惊总可以吧?"

"好说,好说。"说着,强子就从鞋垫底下摸出十元钱。

"真有你的,把钱藏在鞋里啊,怪不得他们搜了半天都没搜出来。"艾霏笑着说。

"原来你早就看见了,那为什么不早点来救我?害我挨了重重的一拳。"强子边埋怨边揉揉自己的肚子。

"我不让你吃点苦头,你不长记性呀!你这家伙,整天不好好学习,还吹嘘自己很厉害。"

"去去去!"强子不好意思地挠挠头,"你心里

有数就行了,干吗非得说穿了?让我太没面子了。"

"没面子?我救你的时候,你怎么没想到面子?"艾霏开玩笑道。

"是是是!你厉害,你是咱们班的'女强人'。"强子说到这儿,冲艾霏一抱拳,"以后我就拜你当姐姐,好不好?"

"哈哈,这可是你说的,我没逼你哦。"艾霏被强子的话逗得哈哈大笑。

第二天,"'女强人'智斗三恶霸"的故事就在全年级传开了。

大家在言谈间不免纷纷佩服艾霏的勇敢。

"艾霏,你真厉害,一个女生敢和三个男生斗,你果然是当之无愧的'女强人'!"说到这儿,大家冲艾霏竖起大拇指。但不知道为什么,艾霏总觉得"女强人"这个称呼似乎有些怪。

果不其然,在接下来的日子里,艾霏吃尽了

"女强人"威名的苦头。她成了大家公认的劳动力和重活承接人。

艾霏渐渐难过起来。因为她是一个女生，她也希望自己像其他女生一样享受大家的照顾。因此她越来越讨厌"女强人"这一称呼了。

其实，我们不得不承认，作为一个女生，有正义感、爱打抱不平是好的，但是总被人称为"女强人"似乎会有些尴尬。所以，在日常生活中，我们要注意方式方法，在面对一些危险时，可以选择报警或请家长来帮忙，不要盲目地自己上，要保护好自己。

在威胁面前学会自我保护

过去，不论书本还是电视，都一味地宣传少年英雄与歹徒做殊死抗争，这样做真的对吗？

有这样一个真实的故事。一个小学四年级的女孩，勇斗上门抢劫的歹徒，结果被歹徒拿匕首把打晕，手脚被绑起来，醒来之后她拼命呼救，歹徒又用枕头将其蒙住，试图闷死她，好在楼下的治安联防队员闻声赶到才化险为夷。

其实，面对突如其来的威胁，女生要做的首先是自我保护。

安全是第一位的，在保证自己安全的情况下，悄悄记录下坏人的外貌特征，然后向警方提供线索，协助警方抓

住坏人,才是上策。

同样是面对歹徒,另一个男孩是这样做的,他和几个同伴被人贩子拐卖并且关在一间屋子里,准备一起运往偏远的地方卖掉,他们都被人贩子用绳子捆绑住手脚,用胶布封住嘴。这个机智的男孩想办法弄断了绳子,趁着夜色带领其他同伴逃走,而人贩子却浑然不知,等到第二天早上警察根据孩子们的指引前来抓捕,人贩子才如梦初醒。

面对威胁的时候,女生到底该怎样保护自己呢?

首先,面对歹徒的时候,不能惊慌失措、大喊大叫,以免刺激歹徒伤害自己。

其次,钱财是身外之物,生命是第一位的。所以,在战术上,可以"配合"歹徒。待其离去之后,在安全的情况下再报警。

最后,要机智地与歹徒周旋,做到最大程度地保护自己。面对坏人,要想方设法拖延时间,要学会用"软话"

说服对方不要伤害自己。记住：千万不要说"我记住你的样子了，我会告诉警察"之类的话，这很容易激怒坏人，从而让自己受到伤害。

女生小攻略

遇到抢劫怎么办？

日常衣着要朴素，不要讲究名牌，炫耀富有。平时花钱大手大脚、吃喝享乐往往会使你成为被抢劫的对象。放学时注意校门口是否有可疑的人注视或尾随自己，如果出现可疑情况，可以和同学一起返回校园向老师求救，或者打电话让父母来接。如果回家的路比较偏僻，尽量与同学结伴而行，在路上不要与陌生人

交谈。外出游玩、购物时,要明确告知家长自己的去向、时间安排。尽量不要单独行动,随身携带的钱物要妥善保管。

如遇到抢劫,要注意以下几点:

1. 保持镇定,不要惊慌失措。冷静地分析面临的状况、周围的环境和歹徒的行动目的,伺机而动。如果周围的人较多或者有熟悉的人,可以大声呼救。如果面对的是一个歹徒且他没带凶器,就可以与之周旋,趁其不备跑掉。

2. 如果遇到的歹徒人多或带有凶器,一定不要与歹徒发生直接冲突,可将身上的财物交给歹徒,并在与歹徒周旋的过程中弄清他们的来路,也可记住歹徒的相貌、体态、衣着、口音等特征，以便事后报警时为警察提供线索。

3. 随机应变，保护自己是首要任务。如果歹徒的目标不仅仅是财物，而是还要进行人身侵害，就必须设法奋力反抗。利用书包、鞋子等向歹徒发动突然袭击，攻击其要害部位，趁机逃脱。

4. 如果是认识的人或本校的学生勒索财物，不能表现得软弱可欺，要明确拒绝并警告他们，说要报告老师或公安机关，避免以后经常被他们骚扰。

5. 遇到抢劫产生沮丧、不安等情绪都是正常反应，可以找家长、老师或同学倾诉，不要让不良情绪郁结在心中，对自己的心理造成不良影响。

3 选择坚强

坚强是人心永远不倒的防线。只有坚强，才可以给你面对一切的勇气。女生更需要坚强，这是面对悲伤的最好武器。

星期三的早晨,路边发黄的小草上突然落了一层淡淡的霜。立冬了,天气一天比一天冷。

和往常一样,萱萱早早地就到了教室,开始早读。可是,今天似乎有点怪,她总是很难静下心来。

萱萱摸了摸胸口,感觉心跳似乎跳得比以往快了许多。她隐约中觉得有什么不好的事情会发生。

上第二节课的时候,班主任突然来到教室,把萱萱叫了出去。

萱萱走到教室门口,班主任说刚才萱萱的妈妈打来电话,说家里有点事,让她赶紧回家一趟。

萱萱马上收拾好书包,赶回家去。

萱萱一进门,就看到妈

妈已经收拾好了行李。妈妈看到萱萱,说:"我们回趟老家,你爸爸开车来接我们,我们这就下楼。"

"怎么这么着急啊,出什么事了?"萱萱一脸吃惊地问。

"你爷爷生病了,我们得去看看。"

"什么,爷爷生病了,他的身体不是一向很好吗?怪不得我今天早上一直心神不宁,原来爷爷病了。"

萱萱帮妈妈拿上行李,一起出了门。

一路上,萱萱都在想和爷爷在一起的日子。萱萱是爷爷带大的,对爷爷最有感情了,一想起爷爷,她嘴角就不由得流露出笑意来。

萱萱记得有一次,自己看见别的小孩在玩风车,回家后就缠着让爷爷做。爷爷忙了整整一夜,等第二天早上萱萱一睁眼,就看到风车插满了床头,各种颜色的都有,可漂亮了。直到现在,那些风车还

被萱萱粘在卧室的床头呢。

两个小时的路程很快就到了。一下车,萱萱发现爷爷家门口聚了好多人,好像有什么大事发生了。

不是说爷爷生病了吗,怎么会有这么多人?萱萱的心不由得一紧。

临近大门,萱萱忽然听到屋子里传来哭声,是姑姑们的哭声,声嘶力竭的哭声。

爷爷去世了!当萱萱突然意识到这一点的时候,眼泪已经夺眶而出。

爷爷走得很突然。早上,他还和别的老人一起晨练呢,然后去菜市场买菜,回家后就觉得头晕,然后就晕了过去。等送到医院的时候,已经没有了呼吸,医生说是突发脑出血。

爷爷就这么走了,萱萱连最后一面都没见上,

看到的只是眼前的一张遗像。

萱萱的眼泪都哭干了,她一遍遍地喊着爷爷,可爷爷再也不会答应她了。

送走爷爷,萱萱和爸爸妈妈一起回了家。一路上萱萱一句话也不说,连妈妈递过来的水都不喝。

"萱萱,爷爷走了,你要坚强,爷爷也不想看见你这样。"妈妈劝萱萱振作点,可是,一提到"爷爷"这两个字,萱萱的眼泪就不由自主地流下来。

回家后,萱萱一连好几天都没怎么吃饭,上课的时候也总是走神,整天病恹恹的,爸爸妈妈看了都非常担心。

爸爸妈妈想了很多办法安慰她,可萱萱就是听不进

去,一回家就把自己关在房间里,看着爷爷亲手给自己做的那些风车抹眼泪。

这些天经历的事情太多了,让萱萱的心很难平静。也许是太累了吧,这一天,萱萱看着风车,看着看着,竟然趴在桌子上睡着了。

睡梦中,有个熟悉的声音在喊萱萱的名字,是爷爷的声音。

萱萱一抬头,爷爷果然站在她的身边。

萱萱喊了声"爷爷",就扑到了爷爷的怀里。

爷爷轻轻抚摸着萱萱的头,说:"别哭,别哭,你一哭爷爷也伤心了。"

萱萱这才止住了眼泪,问道:"爷爷您去哪儿

了,我好想您呀,您不要萱萱了吗?"

爷爷微笑着说:"怎么会呢?萱萱是爷爷的心肝宝贝啊。可是这几天,爷爷看你饭不好好吃,觉也不好好睡,连上课都不认真听讲了,爷爷很着急啊,这样下去怎么行呢?萱萱要学会坚强,爷爷虽然走得很急,但是,没有任何痛苦,你应该为爷爷感到高兴才是。爷爷在远方看着你呢,只有你开心快乐,爷爷才能安心啊。"

萱萱点点头,说:"我知道了,我听您的。"

忽然,爷爷消失了,萱萱大声呼喊着,惊醒后,才发现是一场梦。

但是,梦里爷爷说过的话,字字句句都那么清楚。

萱萱心想：爷爷说得没错，我要坚强，否则，爷爷不会安心的。

第二天一起床，萱萱拉开窗帘，顿觉阳光好明媚啊。虽然已经立冬了，但是，只要有了阳光，就会有温暖。

看见萱萱久违的笑容，爸爸妈妈悬着的心终于放下了。

"萱萱,今天好些了吗?"爸爸问道。

"我梦见爷爷了,他告诉我,要学会坚强。"

"这就对了!人生会有各种各样的突发事件。我们要成长,就必须面对各种事情。当事情发生的时候,我们得学会坦然面对,学会在遭遇挫折的时候让自己坚强。"爸爸对萱萱说。

"嗯!"萱萱伸出右手,和爸爸来了一个击掌,露出了灿烂的笑容。

我们如何面对亲朋好友的离去

生活中,每个人都会遇到或听说过"死亡"的话题。

我们热爱生命,爱身边的亲人和朋友,我们不希望他们有任何意外,所以面对亲朋好友的突然离去,任何人都无法做到平静面对。

可是,我们应该明白,在人类进化史与发展史上,有一条亘古不变的定律,那就是"人总会死亡"。一个人从出生的那一刻起,就在走向人生的顶峰和终点,只不过这个过程很漫长,很漫长。

如果因为意外或突发事故,亲朋好友离我们而去,我们在悲痛和伤感之余,更应该明白:生命的可贵在于只有一次，我们应该珍惜活着的每一天。

缅怀亲朋好友最好的方式不仅仅是哭泣，也不仅仅是忧伤，我们还应该让自己更积极地面对未来，以阳光的心态，让自己的每一天都过得充实而美好。

在悲痛的时候，让悲痛自然宣泄；在面对事实的时候，勇敢接纳，积极面对。记住：死亡不会隔断我们和亲朋好友的爱，反而可以激发出我们更热烈、更阳光的生活态度！

为了让离去的人安息，我们活着的人更要活得精彩！这是一种最值得推崇的态度和认知。

女生小攻略

让自己变强大的方法

我们都想要变得坚强,实现自我完善,赢得别人的尊重。这里为大家提供几种通过日常积累变得强大的方法。

1. 学会道歉

如果和别人有了纠纷或矛盾,一定要学会道歉。

有时,道歉并不是那么容易的一件事,因为一旦道歉了,不仅仅是承认自己做错了那么简单,还要做好道歉很可能不被接受的准备。

然而，肯道歉的人必然是能够自省的人。这样的人能找出自己的错误，然后努力去纠正。在这个过程中，这样的人不仅会变成强大的人，而且更能赢得别人的尊敬和佩服。

2. 不要一味走捷径

因为怕困难和挫折，怕遇到更多的麻烦，我们常常想走捷径。可是，这种心理反映了一个人的胆小和怯懦。在成长的过程中，不妨按部就班地体验某些过程，或许这会花费更多的时间，付出更多的努力，但是，在这个过程中，你会变得沉稳而强大，变得更成熟，更有阅历。

女生要记住，不轻易选择捷径，这能让你逐步成长，体会到成长过程中的酸甜苦辣，品味到那一天天积累起来的甘甜。

3. 实话实说

"实话实说"是一种生活态度。遇到事，遇到人，

说真话，讲实话，是我们从小受到的教育。所以，不要用谎言来掩盖自己的失误或错误，勇敢面对自己应承担的责任。用强大的内心来支撑自己，能让自己展现出真诚的一面，展现正直的人格魅力。

4. 主动承担

如果你不能承担自己的责任，别人又如何去相信你呢？所以，只有敢于承担责任，不让别人替你"背黑锅"，才能凸显出你的强大和勇敢，当然，这也会逼迫你面对棘手的问题，从而锻炼解决困难的能力。

5. 学会赞扬与感谢

我们都有过这种体验，在我们的帮助下，某人所完成的事获得了表扬，而他不记得我们的好，也不感谢我们。这可能让我们心生不满。推己及人，当忽然被点名表扬时，我们要记得公开感谢被忽视的、帮助过我们的人，他们会因此感到十分愉快。

4 抱怨与感恩

如果你总是生活在抱怨之中，那是因为你总是对环境有这样或那样的不满，而看不到生活中快乐幸福的一面。

小然出生在大草原上,最大的梦想就是去看海。

可是,小然一直没有机会去,因为爸爸早逝,年迈的爷爷和奶奶身体不好,家庭的重担都压在妈妈一个人身上。虽然小然的梦想在很多人看来不值一提,但她从不愿开口告诉妈妈。

每次躺在空旷的草地上,望着蓝天,小然会把天空想象成广阔的大海,想象自己就在海边听着海浪拍打沙滩的声音。

然而,草原毕竟不是大海,是不能真切地感受大海的声音的,小然有时会想:这么大的草原,一点意思都没有。

"小然,妈妈有好消息要告诉你!"

"什么好消息?"不满自己家庭出身的小然,对妈妈总是用冷冰冰的口气说话。

"下个月放暑假,妈妈让你去海南玩好吗?"

妈妈说完,期待着小然惊喜的回答。可是,小然却十分冷静地歪着头想了想,然后问妈妈:"真的吗?那……我和谁去?"

"按道理,应该是妈妈陪你去,但是我们出了门,爷爷奶奶就没人照顾,再加上费用也不少,所以,你和你表姐一起去,好吗?表姐比你大,她会照顾你的。"

说到这儿,妈妈又加了一句:"这次是坐飞机去哦!"

"飞机!"小然从来没坐过飞机,"真的?哇,好棒哦!"终于,小然的脸上露出了开心的笑容。

"路上你要听话,照顾好自己!"

"嗯!"小然用力地点点头。

小然的表姐叫周清,比小然大五岁。说到这位表姐,小然心里总是酸溜溜的。周清表姐家境很好,

女生成长 小红书

两家经济上的差距,让小然根本不愿意和周清来往。当然,这次能一起去海南,还可以坐飞机,是另当别论的。

暑假来了,小然和表姐的海南之行开始了。上飞机前,妈妈千叮咛万嘱咐,让小然一定要听导游的安排,注意安全。周清站在旁边,一个劲地点头说:"我会照顾小然的,您放心吧!"小然呢,则在机场好奇地东张西望,看什么都觉得好玩且有趣。

"小然,小清聪明又懂事,你要听她的话,记住了吗?"妈妈拉着小然说,"小清经常出去旅游,你有什么不懂的,可以问她。"

"好好好!"小然觉得妈妈很啰唆,便催促她,"我们要过安检了,您回去吧。"

飞机起飞了,小然激动地望着窗外,满脸喜悦。

"小然,第一次坐飞机,你是不是很开心?"周清问。

小然刚想点头,可心底突然冒出一个声音:她的话是什么意思?是不是在嘲笑我没有坐过飞机?想到这儿,她用一副不以为意的口吻说:"我以为飞机挺宽敞呢,现在才知道跟大巴没什么差别!"

周清吐吐舌头,不再说话了,她知道,自己的这个小表妹可是个嘴巴不饶人的女生。

没错,虽然是表姐妹,但两个人却性格迥异。周清看什么都是美的,特别容易满足;小然却事事爱抱怨,好像全世界都欠她的。

到了目的地,站在蔚蓝的大海边,周清一个劲地夸这里的天蓝、海美、空气清新。而小然却不停地抱怨车太颠簸,海边小屋太潮,旅行社安排的饭菜难以下咽,海水太脏。随车的导游姐姐是个能说会道的女生,短短一天的时间,她便和周清成了好朋友。一路上,周清成了副导游,帮着导游姐姐管理团员,小然则站在一边冷笑,导游姐姐对表姐这么好、这么热情,肯定是知道她有钱。这么想着,小然看导游姐姐的目光渐渐变得犀利和厌恶起来。

这天下午五点,导游姐姐带着小然他们来到大东海海滩。下车前,导游姐姐告诉大家,由于时间原因,只能在海边玩一个小时,要求所有人准时返回车里,因为大家当天晚上还要赶去三亚。

"才一个小时,时间太短了吧!大东海可是传说中最美的沙滩呢。"小然不满地扫了导游姐姐一眼,噘着嘴说道,"每次到好玩的地方,就不给人时间，这样太不合理了。"

导游姐姐一个劲地道歉，说："实在不好意思，因为要照顾到所有人的情况，所以希望大家能理解公司的安排。"

周清和小然以最快的速度来到海边，可沙滩上早已人山人海了。

"这里的沙子好软好细啊，你也脱了鞋试试吧。"周清脱了鞋在沙滩上跑着，兴奋得像一只小鹿。

小然却懒懒地望着人群发愁：这么多人，怎么玩啊？这哪里是看海，根本就是看人嘛。

那边的人好像少点，小然离开喧闹的人群，一个人向沙滩远处走去。

离开人群以后，小然感觉好多了。她梦想中的大海，从来都是只有自己一个人坐在海边，这才是看海的感觉。

小然找了一块大礁石，把脚放进海水里，凉凉

的感觉，真是太好了。

时间过得飞快，不知不觉间，太阳已经西斜。

糟糕，忘了集合的时间了。小然一看表，已经快七点了。说好的六点集合，这个时候，旅行团应该已经离开了吧。

怎么办？小然赶紧掏手机，哎呀，刚才下车的时候走得急，手机落车上了。现在怎么办，天都快黑了，难道自己要一个人在这空旷的沙滩上过夜吗？

小然赶紧往回走，心里一团糟，不由得又抱怨起来。

当她来到停车场的时候，找了半天也没有发现她们乘坐的那辆大巴车。不用说了，车一定是开走了。

小然傻傻地站在原地，望着身边来来往往的人，无助地流下了眼泪。她开始有些思念家乡的草原了，曾经被自己讨厌过的草原。

"小然,可找到你了!"

是周清的声音,小然赶紧抬起头,果然是周清,还有同车的一位阿姨。

"找到你太好了,我赶紧给导游姐姐打电话,其他人也都在找你呢。"

"大家都在找我,你们没有走啊?"小然惊讶

地问。

"当然没有走啊,我一回头就发现你不见了,然后就给导游姐姐打电话。大家分成好几路,都在找你呢。"

和周清同来的阿姨也说:"既然同在一辆车上,一起吃、一起住,大家就是一家人,我们怎么可能把你一个人留下呢!"

回到大巴车上,大家都关切地问小然,问她是不是遇到麻烦了,有没有事……

小然羞愧得头都抬不起来,她知道是自己耽误了整个团队的行程安排,奇怪的是,车上竟然没有一个人埋怨她。

周清见状,一个劲地说:"没事。谢谢大家,耽误大家的时间了。"

路上,小然悄悄地问周清:"你说大家会不会在心里责怪我不守时,耽误大家的时间呢?"

周清告诉她:"这就要看你怎么想了。如果你以怨恨的眼光看世界,世界到处都丑恶;如果你用感恩的眼光看世界,世界处处充满温暖和爱。"

周清的话,小然想了很久,她觉得真的需要改变自己了,比如曾经讨厌的大草原,现在回想起来,真的很美。

抱怨无济于事

我们时常发现,身边有些人总是很喜欢抱怨。这些人说起话来总带着不满意的、抱怨别人的口气。这样的人,好像世上没有几件事能让他们称心如意。

对于女生来说,烦闷、不快是在所难免的。问题是,总是抱怨别人或环境,不说对别人,就是对自己的学习和生活,也是没有半点益处的。

我们的天空本该是明媚的,抱怨就仿佛阴云一样笼罩着明朗的蓝天。喜欢抱怨的人未必不善良,却总是不受欢迎。抱怨就像一根刺,既扎伤自己,也刺伤别人。抱怨除了使自己失去朋友和生活的勇气外,真的是于事无补。

聪明的女生拒绝抱怨,如果遇到困难,就会想尽办法去克服困难。

心理专家说:"有抱怨心理的人,生活中的每件事都是他们抱怨的对象。生活中充满了不如意。"

他们首先是用自己理想化的模式去套现实,结果常常事与愿违。他们看问题过于狭隘偏颇,只考虑自己,不顾及他人,凡是不对自己脾气的,都予以否定,甚至用放大镜看人,将别人微不足道的缺点放大。

如果习惯了抱怨,抱怨生不逢时,抱怨命运不公,抱怨造化弄人,就会在抱怨中对存在的幸福熟视无睹,不懂珍惜,看不到生活中快乐幸福的一面。

与其抱怨,不如学着修正看事情的角度,客观公正地看自己、看事情。如果一味地抱怨,一味地攻击,除了制造口角,就是令自己变得更加不受欢迎。

抱怨有什么用呢?一个差环境不会因为抱怨,就变成一个好环境;周围的人不会因为你的抱怨,就对你好起来。客观条件是不以主观意志为转移的,为什么不去想想怎样在既定条件下发挥主观能动性呢?如果继续抱怨,不端正

自己的态度，那么只会让结果变得更糟，难过的仍然是自己。

世界是美丽的，也是有缺陷的；生活是美好的，也是有不足的。因为生活是美好的，所以值得我们来这个世界上走一回；因为生活不完美，所以需要我们去弥补。既然抱怨于事无补，那就尽量少抱怨或者不抱怨，这才是智慧的人生。

女生小攻略

走出抱怨，学会感恩

生活中，有些东西是可以改变的，有些东西是改变不了的。就如同我们，无法改变自己的出身，无法改变天生的缺陷。既然无法改变，那么我们何不坦然接受？如何学会坦然接受，请看以下建议。

1. 用心做好自己的事

虽然一个人的能力有大有小，但

是每个人都完全可以去做自己能够做并且做得好的事情。人的精力是有限的，把有限的时间用于做好自己的事情，哪里还有时间去自寻烦恼？

2. 不要盲目设定目标

生活中，我们常常会听到有人抱怨活得太辛苦，学习压力太大。其实，这往往是因为我们在还没有衡量清楚自己的能力、兴趣、经验的情况下，便在自己人生的各个阶段设下了过高的目标。所以每天为了完成任务，不得不背着抱怨的包袱去生活，忍受辛苦和疲惫的折磨。

3. 善待身边的每一个人

一个人好比棋盘上的一粒棋子，不论是将帅还是兵卒，都有一定的权利。如果我们每个人都能像下棋那样，通盘考虑，既能恪尽职守，又能为其他人的存在创造便利，那么，我们的权利可以形成一种强大的合力，这种合力有利于自身的发展。反之，权利的不平等将是抱怨的根源。

4. 积极调整自己

抱怨不仅不利于解决问题，而且还有损健康。换位思考一下，矛盾就不那么激烈了；心胸宽广一点，问题就不那么严重了。过去的已经过去，未来的还未到来，一切抱怨都是无益的。问问自己现在能够做些什么、能够做好什么，才是最重要的。

5 有同情心的女生更美丽

同情心既是一种高尚的情操,又是一种能力,一种与他人感情产生共鸣的能力。这种能力使女生快乐,使周围的人快乐,从而为女生创造一个健康快乐的生活环境。

秀儿和妈妈走在去舞蹈班的路上,突然,一个背着书包、中学生模样的女生走了过来。

"阿姨,我是来找同学的,钱包和手机都丢了,能给我十元钱吃饭吗?"女生用乞求和不安的声音说。

"你是从哪里来的呀?"妈妈一边问着,一边掏

出钱包，准备给女生十元钱。

这时，一旁的秀儿拉住妈妈的手说："妈妈，我上舞蹈课要迟到了，咱们赶紧走吧。"

妈妈还没来得及开口，就被秀儿拉走了。

"哎呀，你这孩子，拉我干什么？那个孩子多可怜呀，也比你大不了几岁。"妈妈埋怨道。

"可怜？老妈，刚才要不是我拉您，您就上当了。"秀儿得意地说。

"上当，为什么啊？"妈妈吃惊地问。

"这么简单的骗术，您不知道啊？他们专门装成学生，就骗您这种同情心泛滥的人。"秀儿笑着说。

"你这孩子，如果那个小姑娘真的丢了钱包呢？她一个人多可怜啊！"妈妈还是有些担心。

"您同情她，不如同情同情我吧。"秀儿装出一副乞讨的样子，妈妈只好不再说话。

女生成长 小红书

晚上,妈妈把白天的事情讲给爸爸听,爸爸听完,神情严肃地说:"虽然现在外面有很多人装成乞丐骗人,但是,如果那个小姑娘是真遇到困难了,秀儿是不是应该表示一下自己的同情心啊?这样下去可不行!"

听爸爸这么一说,妈妈恍然大悟,说道:"你这么一说,我也想起来了,和秀儿一起出去,她确实从没有给过乞讨的人一分钱。"

"是啊,我们得想想办法。"爸爸搓着手说。

"有了,我们养只小狗吧。秀儿不是很喜欢小狗吗?可以通过养小动物培养秀儿的爱心和同情心。"妈妈突然想到一个好主意。

"嗯,这个主意不错。"过两天是秀儿的生日,买只小狗送给她,就当作生日礼物吧。"

周末的时候，妈妈对秀儿说："我们去帮你选生日礼物吧。"

秀儿一听，十分激动地说："好啊，妈妈真好！"

可是，一出门，秀儿发现妈妈并没有往超市的方向走。

"妈妈，不是选礼物吗，怎么走这边呢？"秀儿有些惊讶地问。

"呵呵，你猜妈妈这次要送你什么礼物？"妈妈故作神秘地反问道。

"妈妈，您就快点告诉我嘛，人家都着急了。"秀儿迫不及待地缠着妈妈说。

"你呀，一点耐心都没有。这次送你一只小狗，怎么样？"

"小狗，真的吗？我以前一直想要一只小狗，可您和爸爸说不卫生，为什么现在突然要送我小狗呢？"秀儿激动地问。

女生成长 小红书

"以前是因为你还小,现在你长大了,不但能照顾自己,也能照顾小狗了。我们提前说好,小狗由你照顾,它的吃喝拉撒、洗澡、运动都由你负责。"

"没问题,保证完成任务!"秀儿给妈妈做了个敬礼的姿势。

把小狗买回家后,秀儿给它起了个特别的名字——馒头。这只小狗有着纯色的毛发,脑袋圆圆的,很可爱!

从此,秀儿一有空,就和馒头一起玩。

当然,给馒头买吃的、喂吃的、洗澡、清理狗窝、带它出去玩,都是秀儿来做。

渐渐地,秀儿和馒头的感情越来越深。

有一次馒头生病了,秀儿和妈妈带着馒头去看病。秀儿一直把馒头抱在怀里,轻轻地抚摸着它,直到医生给馒头打完针。秀儿虽然胳膊酸痛,但为了让馒头好好休息,连手都没换。

馒头也特别依赖秀儿。只要秀儿一进家门,馒头就赶紧把拖鞋给秀儿叼过来,然后围着秀儿打转。

　　秀儿的性情也在渐渐发生改变,不那么急躁了,变得热情了、细腻了,也更有同情心了。

　　有一次秀儿和妈妈一起上街,又碰上了沿街乞讨的人,秀儿二话没说,主动献上了一份爱心。

　　回到家后,妈妈问道:"你不是最烦这种事吗,这次怎么变主动了?"

　　秀儿一挑眉毛,说:"只要人人都献出一点爱,世界将变得越来越美好,您说是吗?哎哟,是谁在捣乱?"秀儿低头一看,顽皮的馒头正舔她的拖鞋呢。

同情心会带给人温暖

同情是人情感上的共鸣。比如说一个乞丐,断了一条腿,看上去非常惨,只要你一路过看到他,即刻就会有一种情感流露出来。在这种情感的驱使下,你很容易做出这样的决定——"我要帮助他"。

再比如,某些人好逸恶劳,故意装出一副可怜的模样,跪在路边,写一张布告,哭诉自己如何不幸,如何遭遇困难,希望大家给予帮助。你施舍他,却不知道自己的同情心被利用了——他们不过是骗钱而已。

因此,同情心不仅需要你拥有爱,也需要你拥有辨别真假的能力。我们都需要有同情心,但不能泛滥。用在对

的地方的同情心才会如阳光般动人、美好。

我们每个人都是一个美丽的生命，我们每个人在人生路上都会遭遇风雨，也会有坎坷。假如在摔倒的时候，在遇到困难的时候，或者在绝望的时候，有一双温暖的手给我们帮助，给我们信心，让我们振作起来，我们一定会绽放笑脸，感动无比。

同情心能给人带来快乐，同情心是一种积极的情绪，它既能给自己，也能给其他人带来温暖。

同情心既是一种高尚的情操，又是一种能力，一种与他人感情产生共鸣的能力。这种能力能使周围的人快乐，从而创造一个健康快乐的生活环境。

女生小攻略

帮助别人就是帮助自己

光拥有同情心还不够,还要用合适的方法展现自己的同情心,并且学会感谢别人。

1. 经常说"谢谢"

在日常生活中,多对周围的人说"谢谢",特别是帮助过自己的人。如果心存感激,不但能和周围的人愉快相处,也会令自己心情愉悦。一个经

常说"谢谢"的女生,会给人留下热情、礼貌、细心且有活力的印象。

2. 表达自己的真诚和关切

帮助他人的时候要真诚,不要给人"带有目的"的错觉。关心他人应发自内心,让别人能愉快地接受你的帮助。

3. 切勿好心办坏事

帮助他人的时候,注意尊重他人,维护他人的自尊心。遇到要强、爱面子的人,帮助他的时候要格外注意自己的方式和方法,千万不要好心办坏事,使自己和他人处于尴尬之中。

请敞开心扉

许多女生是因为得不到应有的关爱,才会偏离人生的轨道。一个女生如果能敞开心扉,将自己的困惑和不解说出来,就可以得到他人的关心和帮助,从而走上正确的人生道路。

放学的时候,阿爽并没有急着回家。

刚刚下过雨,又出了太阳,天空中便多了一道彩虹,空气也格外清新。阿爽想多享受一会儿这难得的舒适,就朝着学校后面的宝塔山走去。

宝塔山不高,顶多算是个山包。因为山顶有一座建于明代的古塔,所以宝塔山在这附近的名气很大。宝塔山就在学校的后面,所以这里成了很多同学放松的宝地。

阿爽拾级而上,来到一片树林前,她看见不远处的石凳上坐着三个学生:两个大一点的男生穿着另一所学校的校服,中间的女生穿的正是自己学校的校服。

"那不是蒙蒙吗?"阿爽吃了一惊。只见他们班的蒙蒙正坐在两个流里流气的男生中间。

"蒙蒙。"阿爽大喊一声,她以为蒙蒙看到她后会很惊讶。谁知,她见到阿爽竟然当没看见般将头扭向别处。

阿爽没趣地沉默了,她不明白,蒙蒙为什么会单独和外校的男生待在一起。

阿爽和蒙蒙一直都是一个班的同学。在阿爽的记忆中,蒙蒙学习很优秀,可是这学期开学后,蒙蒙就掉队了,一下子成了班里最令人费解的人。

阿爽想不明白,蒙蒙这样的女生,就算成绩退步,也不至于和那些男生混在一起,她这么做是为什么呢?

看着蒙蒙的背影,阿爽心想:蒙蒙是女生,我应该顾及她的面子和自尊心,明天我再好好问问她吧。

第二天一早,阿爽准备了一大堆问题问蒙蒙,

可是蒙蒙却没有来上学。

是逃学还是生病了？阿爽反复地猜想，不过，阿爽宁愿蒙蒙是生病了，但是看她昨天的样子，又怎么可能一下子就病倒呢？

当天下午，蒙蒙总算露面了。

阿爽第一时间来到蒙蒙身边，问："你上午为什么没来上课？"

蒙蒙竟然不以为意地耸耸肩，回答道："早晨起来突然就不想来学校了，所以就没有来。"

一片黑云笼罩着阿爽，蒙蒙真的堕落了。不，不，蒙蒙是我的同学，我绝对不能让她就这么下去。

蒙蒙需要彻底的"大拯救"！到底该如何拯救蒙蒙呢？该从何处下手呢？阿爽开始思考起来：如果我要"拯救"蒙蒙，就必须了解她在想什么。对，我要先和蒙蒙成为好朋友。想到这儿，阿爽的脸上浮现出笑容，说："蒙蒙，放学后我们一起回家吧。"

听阿爽这么一说,蒙蒙愣了愣,她很吃惊,原本她以为阿爽会把昨天的事情告诉老师,看来,阿爽和别人不一样,于是她欣然同意了。

放学后,阿爽和蒙蒙一起走出校园,昨天在宝塔山上见过的那两个男生,早已在校门口等候蒙蒙。

"蒙蒙,"一看见蒙蒙,两个男生就用力招手,"你今天带了朋友?"

"这是我同学,她可是我们小组的小组长。"

阿爽把蒙蒙拉到一边,悄悄说:"我们先走吧,我想去买点彩纸。"

"这……"蒙蒙想了想,对两个男生说,"今天我和同学去办点事,明天再和你们玩。"

"不是吧?你不是说要和我们一起玩的吗?"其中一个男生赶紧说。

"走吧,走吧!"阿爽用力拉蒙蒙,"我们还有事情!"

女生成长 小红书

阿爽拉着蒙蒙走出一段路后,不禁好奇地问:"你怎么认识他们的?我看他们不像什么好学生。"

"是这样的,有一次我心情不好,在宝塔山闲逛,他们主动和我说要带我玩,慢慢就熟悉了。"蒙蒙回答道。

"原来是这样!昨天我看见你还叫你,你为什么不理我,还转过身去?"

"你是小组长,我怕你会告诉老师。"蒙蒙不好意思地回答。

"你和他们在一起觉得好玩吗?"阿爽说着就挽住了蒙蒙的胳膊,看着她的脸,追问,"你们都玩什么?"

"玩电子游戏啊,上网聊天啊!其实和他们在一起也很无趣,他们动不动就说脏话,还喜欢吓唬低年级的学生。"

"既然这样,你为什么还和他们待在一起?"阿爽听得糊涂了,"为什么不和咱们班的同学一起玩呢?"

"因为我和他们在一起没有任何压力,觉得很

自在！和班里的同学在一起，我总会想：他们的成绩比我好，会不会看不起我？再说，有的人根本不喜欢和我玩。"说到这儿，蒙蒙停下来看着阿爽，"阿爽，你人不错。班里只有你对我好，我们算朋友吗？"

"当然！"阿爽毫不犹豫地点点头，"我们当然是朋友！以后我们一起玩，你不要再和那两个男生玩了，我怕你学坏。"

"嗯，好！我听你的。"蒙蒙点点头说，眼睛也有些湿润了。

后来，阿爽经常带着蒙蒙参加班级活动，在活动中，蒙蒙逐渐变得快乐起来。因为心情变好了，蒙蒙的成绩也逐步提高了。

学期末，大家一致推选蒙蒙为"优秀少先队员"，蒙蒙则指着阿爽说："如果没有阿爽，就没有我今天的荣誉，我觉得这个荣誉属于阿爽！"

"为什么这么说呢？"老师对蒙蒙进步很大感到很高兴。蒙蒙回答说："阿爽乐于助人，经常帮助同学，是我们班不折不扣的优秀班干部！"

哗啦啦，教室里响起了热烈的掌声。阿爽和蒙蒙在掌声中一起笑了。

其实，之前的蒙蒙不过是一只暂时离群的孤雁，因为孤独，无意中与山鹰为伍，而今，在友谊的呼唤下，她重新归队。

雁，只有在小伙伴中才能将翅膀伸展自如！

不要给他人贴标签

几乎每个人都会认为学校里有一些好学生，也有一些坏学生。在成长的过程中，每个人也都会遇到问题。有些人遇到的问题少一点，有些人遇到的问题多一点。我们要做的是帮助他们解决这些问题，而不是简单地给他们贴上"问题"的标签。

大多数所谓的"问题女生"，她们常常感到惶恐，缺乏安全感。这样的女生本就处于心理极不稳定期，如果再遭遇一些意外事件，不知道该如何应对，又找不到倾诉的对象，就可能以叛逆的形式寻求一种自我保护。

谁都不是天生的"问题女生"，她们只是需要更多的沟通和关爱。当然，女生还得试着去体会、去理解身边的关爱。

首先，要从正面理解父母的爱。在生活中，尽管一些父母时不时会打骂孩子，可他们的爱并不比其他父母少，他们只是使用的方法不太合理。

其次，要学会主动与父母和老师交流。面对父母的怒火，首先不要顶撞，可以在他们生气的时候端上一杯水。等他们平静下来后，再用说理的方式来解决问题。

再次，试着用心去观察身边的小事或一些细节，从中感受无声的关爱。

最后，学着用成熟、正确的思维方式去思考自己的生活、寻找自己的兴趣、规划自己的将来，让自己的生活有目标，而不是通过逃避、打游戏或荒废学业来抗拒父母的管教。

女生小攻略

赶走不良诱惑的秘诀

1."分"字诀:分清是非——正确认识不良诱惑

什么是合理需求,什么是不良诱惑,怎样区分呢?

很简单,合理需求不会损害长远利益,不良诱惑却会损害长远利益。

比如吃饭、穿衣、求知的需要,既符合眼前利益,又不会损害长远利益,是合理需求。然

而，像吸烟、酗酒、聚众赌博等嗜好虽然能满足人们一时的需求，却会损害身体健康，让人养成不良习惯，损害长远利益，是不良诱惑。

女生面临的不良诱惑有很多，玩乐的诱惑、早恋的诱惑、赶时髦的诱惑等，要看清它们的真面目并予以抵制！

2."磨"字诀：磨炼意志——增强自我控制能力

人的成长，是一个从"他控"逐步到"自控"的过程。

只有从小养成自我控制的习惯，磨炼出铁一般的坚强意志，才能抵制诱惑的吸引。先从小事做起，逐渐培养自制力。慢慢地，就能很好地抵制诱惑了。

3."修"字诀：注重修养——提升综合素质

见多才能识广。见识得少、眼界狭窄、看事物片面、看不清事物本质的女生容易受到诱惑。如果有条件，不妨多走出家门见识多彩的世界，在体会了生活的真谛之后，就不容易被事物的外表所迷惑。或者多看些书，经典名著、名人传记有助于增长自身的见识，提升自身的综合素质。

7 不要轻信网上的陌生人

科技的进步带来了层出不穷的新兴交流方式，网络聊天的隐蔽性很强，很多女生的防备心理较弱，容易在网上交流中暴露自己的弱点，一不小心就会招来"大灰狼"。

教室的后面还是教室，楼的后面还是楼，山的后面还是山。低下头，看到的是每天都能看见的课本；抬起头，看到的是那些熟悉的老师和同学的脸。

真真想认识一些新朋友。于是她通过聊天工具加了一个网名是"睁眼睡觉的鱼"的男生，他的描述栏里写的是"我愿做一条永远不会闭眼的鱼，用一生来凝望世界的美。"

真真反复地琢磨这句话，觉得这个男生的文笔不错。

通过几天的交谈后，真真觉得这个男生很有意思，和他成了好朋友，只要得空，就会和对方聊几句。

这天晚上，真真躺在床上睡不着。她正要给"睁眼睡觉的鱼"发消息，谁知对方竟抢先一步发来消息:"真真,我给你唱首歌吧,祝你今晚有个好梦。"

男生的声音很悦耳动听,真真陶醉其中。当回了一句"谢谢"后,她竟然甜甜地进入了梦乡。

第二天,班主任通知真真参加全校诗歌朗诵大赛。

真真是班里的朗诵高手,为了赢得比赛,一连几天,她都忙着比赛的事情,和"睁眼睡觉的鱼"的聊天次数少了很多。

十天后,真真一举夺冠。当她兴奋地准备把这个好消息告诉"睁眼睡觉的鱼"的时候,她发现对方给自己留了很多言。

在逐一听完留言后,真真很感动!

从此,真真与"睁眼睡觉

的鱼"成了密友。早上醒来后、晚上睡觉前,真真总会给"睁眼睡觉的鱼"发消息。

在一个周末,"睁眼睡觉的鱼"问真真:"我们可以见面吗?"

真真毫不犹豫地答应了。

见面的地点定在了一家快餐店,真真在书包上挂了一只白色的毛绒狐狸当暗号。

当"睁眼睡觉的鱼"出现在真真面前的时候,真真很高兴,他们又像往常一样聊起来。

聊到最后,"睁眼睡觉的鱼"突然神情悲伤地说：" 虽然我们是老朋友，但今天是第一次见面，真的不知道该怎么向你张口，能借我点钱吗？我奶奶生病了，我想给她买些营养品，但我这个月的零花钱都用来买参考书了，所以……"

"你这么孝顺呀！"真真赞叹着，然后翻出书包里的钱，凑了一百元给"睁眼睡觉的鱼"，"我就有这么多钱了。"

"睁眼睡觉的鱼"冲真真点点头，说："过几天我爸爸就会给我零花钱，到时候我再还给你！"

然后"睁眼睡觉的鱼"千恩万谢地走了，留下真真一个人叹息：他有一颗善良的心，真好。

几天后，"睁眼睡觉的鱼"又找真真借钱，说是他爸爸做生意失败了，借了别人很多钱。

真真向爸爸妈妈提前要了下个月的零花钱借给了他。

后来，他又向真真借了几次钱后便渐渐地不再

联系真真了。

又过了一段时间,警察叔叔找到真真后问她:"你认不认识网名叫'睁眼睡觉的鱼'的男生?"

真真说:"认识。"

警察叔叔告诉真真:"这个人一直在利用聊天工具骗钱。"

真真这才恍然大悟。

当爸爸知道这件事情后,他语重心长地对真真说:"有些犯罪分子会通过聊天工具来寻找目标,所以不能轻信网上交到的朋友,他们极有可能是坏人。"

真真回到学校后,班主任也对她说:"记住,任何时候,都不要轻信他人,否则就可能引来无妄之灾!"

后来,在主题班会上,班主任再次提醒大家:"不要轻易相信任何聊天工具上结识的人,更不要和他们见面。"

刷刷姐姐有话说

警惕社交软件中的陌生人

用过社交软件的人都知道，这种工具可以用来认识周围的人，以及和一些人聊天。本来这可以方便人们交友，但这种"方便"很容易给女生带来麻烦，甚至带来人身、财产上的威胁。因此，要警惕社交软件中的陌生人。

然而，在生活中，一些女生对社交软件中的陌生人缺乏警惕性，分辨不出背后潜在的犯罪分子。

一些犯罪分子会利用社交软件作为

新型犯罪工具，搭讪附近的女生，从中寻找作案对象。通过聊天骗取信任后，再邀请女生见面，当女生掉入圈套后，立刻实施诈骗、抢劫、侵犯女生等犯罪行为。

　　社交软件为什么会变成一些犯罪分子的工具呢？

　　这是因为空间距离近，很容易让人放松警惕。犯罪分子正是利用了人们的这种心理，从而进行犯罪行为。

　　虽说科技的进步产生了层出不穷的交流方式，但网络聊天的隐蔽性很强，很多女生的防备心理较弱，容易在网上交流中暴露自己的弱点，一不小心就招来了"大灰狼"。所以，一定要提高警惕。

女生小攻略

火眼金睛识破网络骗局

在骗子的眼里,女生通常比较好骗,因为女生心肠软,容易轻信别人。在表示友善的同时,千万别让善良和同情心掩盖了自身的防范意识。面对网络里的各种骗术,女生们都应该练就一双火眼金睛。

1. 骗取你的信任,设计骗人的陷阱

虚拟世界的骗子,要么善解人意,要么幽默风趣,如果骗子在聊天中刻意用这些来"攻击"女生,很快便能取得女生的信任。一旦获取信任,坏人就能有机

可乘,很容易把女生一步步拉入陷阱。

提示:如果遇到陌生人大肆献殷勤,一定要提高警惕。试想,你们非亲非故,他为什么要对你好?和陌生人聊天,要时刻多一个心眼,不要轻易相信陌生人,更不要答应陌生人的"见面"请求。

2. 骗取照片或视频,敲诈和勒索

在社交软件上尽量不要放自己的生活照,特别是能看出你在哪儿居住和在哪儿上学的照片,因为坏人会据此找到你。当陌生人向你索要照片或请求视频聊天的时候,要谨慎,以免坏人把你的照片或视频用在不法之地,给你带来危险。

提示:个人照片、视频包含大量私人信息,千万不要传给陌生人,否则自己可能会成为坏人的目标。如果有人用你上传的照片或视频进行敲诈和勒索,必须马上告诉家长并报警。

3. 骗取账号密码，威胁你的安全

女生还需要注意的是，要保管好自己的私人账号、密码等信息，不要告诉别人，即使是班里的同学或其他熟悉的人，也要慎重。

提示：如果将账号、密码告诉他人，轻则损失金钱，重则被坏人借你的身份从事不法勾当，最后你可能会成为替罪羊！

4. 校友录的信息，骗子行骗的捷径

为了同学间联系方便，校友录里的资料都是真实的，名字、地址、电话等，都可以清楚地看到。只要加入一个班级，该班级中的资料即可随便察看。

骗子就可以利用这点，冒充同学发信息，要么捏造谣言，要么骗钱骗物。

提示：遇到同学借钱，可以拨打电话核实。如果发现对方是骗子，要第一时间报警。

5. 装可怜博同情，在网络上大肆乞讨

一般情况下，在取得女生的信任后，骗子会说自己心情不好。当女生问起的时候，他们就会编造一些悲惨身世、遭遇等来博取女生的同情。涉世不深而又有同情心的女生很有可能"中招"，心甘情愿地把钱给他们。等拿到钱后，他们可能会继续施骗，也可能改名或把被骗者拖入黑名单，不再搭理。

提示：网络毕竟是虚幻的，不要轻易相信别人。网络上的人说他没钱，不能信！不要以为自己是在做好事，那跟捐助希望工程是两码事。因为前者很有可能是在骗钱，后者是真正需要我们的帮助。

8 走出网络世界

想走出网络世界，请记住这句话：在想放弃的时候，告诉自己，朝前走；告诉自己，渡过难关，就能迎接胜利；告诉自己，网络之外的世界更精彩、更迷人。

"嘿嘿，嘿嘿……"

"春春，你莫名其妙的一个人在那里笑什么呢？"冰儿看到春春一个人傻笑，很好奇地凑过去问道。

"这段话太好笑啦。"春春的眼睛一直盯着手机，头也没抬。

"我当什么呢，又看网络小说了吧，我看你是没救喽。"冰儿无奈地摇摇头。

其实，春春迷上网络小说，还是两个月前的事。

两个月前，恰逢春春十二岁生日，又正好是她即将小学毕业的时候。爸爸让春春自己选一样生日礼物，春春毫不犹豫地选择了手机。

其实，春春一直想要一部手机，可是爸爸妈妈始终没同意，说有了手机，春春会分心，影响学习。

这次，春春提出要手机，爸爸虽然有点犹豫，但和妈妈商量后，他们答应了春春。当然，他们也提出一个附加条件——绝对不能因为玩手机而影响学习和生活，否则立刻收回手机。

爸爸告诉春春，这次之所以会同意，是觉得春春快小学毕业了，已经是个大孩子，有了较强的自控能力。另外，爸爸妈妈工作忙要加班的时候，也

女生成长 小红书

能及时和春春取得联系。爸爸妈妈希望春春能好好利用手机,比如,查查单词和不知道的问题,多和同学交流学习心得。

拿到手机后,春春很兴奋。拥有手机的感觉令春春激动得不得了。

不过,爸爸对手机做了处理,里面没有任何游戏,除了电子词典和一些学习软件,还有一款电子书软件。爸爸告诉春春,可以用电子书看很多名著,读万卷书,对女生很有好处。

春春拿着手机折腾了大半夜,很快就熟悉了手机的全部功能。

在用电子书搜索阅读排行榜的时候,春春发现了很多奇怪的书名,什么《天才美女快点逃》《帅哥要淡定》《穿越来的帅哥最迷人》……

这都是些什么书,怎么这么多人在看?

春春太好奇了,于是她下载了《穿越来的帅哥最迷人》,然后读起来。原来这是一部穿越小说。读了几章后,春春觉得这部小说和自己以前看过的名著都不一样,虽然文笔不好,但是故事情节还不错。最重要的是,它不是一部完整的小说,网站每天更新三个章节,春春想看就得定时刷新。

"这书要是每天能多更新几个章节就好了!"春春的心仿佛被拴了根绳子,《穿越来的帅哥最迷人》这次把春春迷得够呛。

每天,一到更新时间,春春就迫不及待地拿出手机,追看故事情节。好几次上课的时候,春春也在偷偷用手机看小说。

时间就这样一天天过去。一天,老师点春春的名:"春春,你来回答问题!"春春涨红着脸站起来,半天没吭声。

"上课注意力要集中!"老师暗示她要认真听课,春春吓得忙把手机塞进书包。

女生成长 小红书

下课了，同学们去课间活动了，春春则独自捧着手机在看小说。

"春春，你看什么这么入迷？也不和大家一起玩。"一个同学好奇地问。

"我在看网络小说呢，太有意思了！很搞笑，很好玩哦！"

"这种书都是骗人、骗流量的，你别看了！"同学提醒她，"和我们去外面玩吧。"

"你们去吧，我想继续看。"春春如痴如醉地低着头继续看起来。

终于，《穿越来的帅哥最迷人》到了大结局，春春决定之后不再看网络小说，可是广告栏提示有一部《疯狂的校园女神》隆重登场。春春被广告弄得百爪挠心，又忍不住打开了《疯狂的校园女神》。

春春成了超级网络小说迷，她无心上课和写作业，甚至临近考试也不能让她放下手机，也无心参

隆重
激动
如痴如醉

加集体活动。为了看小说，春春晚上睡得越来越晚，睡眠不足的后果是上课打瞌睡、成绩下降，不仅如此，春春的视力也越来越差。

"冰儿，老师在黑板上都写了些什么啊，我怎么看不清楚？"记笔记的时候，春春发现黑板上的字变得模糊了。

"春春，我怀疑你近视了，是网络小说看多了

的缘故吧？唉，你成天拿着手机看，不近视才怪！"

周末，爸爸带春春去检查视力，她果然近视了。

"都是网络小说害的！"春春主动交出手机，"爸爸，我以后再也不看了！"

此刻，春春好懊恼！那些死死纠缠着她的网络小说，都是一些无病呻吟的小说，看来看去，都是差不多的情节。为了看这些小说，春春浪费了大量的学习时间，成绩下降不说，视力也变差了，而且和同学间的关系也变淡了。春春真的好后悔！

春春下定决心：再也不看乱七八糟的网络小说啦！

戒除网瘾的方法

经常上网的人，很容易对网络产生依赖，染上网瘾，一天不上网，就浑身难受、精神萎靡，从而影响学习生活以及和身边人的正常交流与沟通。想要戒除网瘾，回归正常的学习生活，可以这样做：

第一步，远离网络世界。

很多女生能够意识到网瘾的危害，也希望减少上网的时间，但是又无法控制自己的行为。要从网瘾之中走出来，最有效的办法就是远离网络世界。可以尽量不上网，或从给自己规定上网的时间做起。

第二步，加强体能训练，培养自控能力。

很多女生自小家庭生活条件优越，缺少磨炼，不具备坚韧不拔的意志，难以抵挡外界事物的诱惑。加强体能训练，磨炼自己的意志，增强自控能力，可帮助自己早日回归集体。

第三步，转移兴趣。

把注意力从虚拟世界转移到现实世界。同身边的人多交流，发现生活中的乐趣，就会淡化对网络，特别是对网络游戏等的依赖。可以参加课外绘画班、舞蹈班，约好朋友去看电影、逛街，体会现实世界的乐趣。

第四步，面对面地交流更容易建立友谊。

很多人觉得上网能交到更多的朋友，可虚拟世界的朋友在生活中完全帮不上忙。比如陪你一起回家，陪你去图书馆等。生活中的朋友因为面对面相处，更容易了解彼此，从而建立牢固的友谊。认识到这一点，你就会多和生活中的人交朋友。

女生小攻略

回归现实世界的途径

1. 自我调控

当看了网络小说,或者打完一局游戏,浪费了时间后,通常会有追悔心。这种追悔心虽然可以让自己暂时回到正常的学习生活中,但是会很快消退。如果只依靠追悔心,那戒网瘾的行动可能永远只能停留在事后后悔上。可以用一些技巧来帮助自己戒除网瘾,如删除手机和电脑上的小说、游戏,上网前计划好时间,使用定时关机软件,多参加户外活动等。

2. 坚持就是胜利

坚持不看网络小说、不玩网络游戏；坚持正常的学习生活与人际交流。要牢记：每天进步一小步，一段时间后，就会进步一大步。

3. 我爱学习

培养对所学科目的兴趣。学习感兴趣的知识，可以起到愉悦身心的作用，并且比看小说、打游戏的作用更持久、更强烈。如果对某些课程特别感兴趣，不妨参加相关的竞赛，比在网络上比赛更令人愉快且能结识有着相同爱好的人。

4. 我不孤独

如果感到孤独，可以努力和周围的同学交流沟通，也可以通过多看课外书、参加兴趣小组来赶走孤独。

矛盾中的生存技巧

在女生的成长过程中,难免会遇到各种各样的矛盾,如何处理这些矛盾,考验着每一个女生。学习水的智慧,懂得宽容,懂得给别人台阶下,你的路就会越走越宽。

转学生瑞瑞刚当班长，就摊上一件头疼事。

今天下午，开第一次班委会时，瑞瑞觉得气氛很微妙。每当学习委员菁菁提出建议时，生活委员兔子便会立刻黑着脸持反对意见。

表面看上去团结的班委会，其实暗藏着不和谐的音符。看着菁菁和兔子相互敌对的情况，瑞瑞沉默了。

"班长，"班委会结束后，瑞瑞刚走出教室，就听到兔子在后面喊她，"等等我，我有话要和你说。"

瑞瑞停住脚步，问道："什么事？"

兔子回头看了看，见周围没人，才继续说："班长，你是知人知面不知心。我兔子心直口快，有什么话都不藏着掖着，不像有些人，表面上看起来可温柔了，其实心眼最多。"

听兔子这么说，瑞瑞十分惊诧，皱着眉头问兔子："你是说——菁菁？"

兔子神秘地点点头。

"不会吧，我看菁菁挺好的呀！刚才她提议开展一次主题演讲比赛，我觉得对锻炼我们班同学的口才很有好处……"

瑞瑞的话还没说完，兔子的头就摇得跟拨浪鼓似的，急切地打断她："什么演讲比赛，她就是想让自己出风头，别人看不出来，我可看得清清

楚楚。"

兔子说得这么肯定，瑞瑞也不好再说什么。

兔子一走，瑞瑞的心跟打鼓一样，虽然自己和菁菁关系一般，但也没发现菁菁有什么坏心眼，怎么在兔子嘴里菁菁就变成了表里不一的人呢？

正当她犯嘀咕的时候，肩膀突然被人拍了一下。

"怎么了，我的大班长，刚当班长就这么不开心啊？"

说话的人正是菁菁！真是说曹操，曹操就到。

"也没有不开心，我在想多为班里做点事，我们才不会辜负大家的信任，可惜刚才的班委会没有统一的意见。"

听了瑞瑞的话，菁菁安慰道："这事啊，其实你也不用发愁。都怪兔子，她特别爱捣蛋，你不用理她，以后咱俩的意见一致就好了。对了，这是我妈妈出差带回来的巧克力，你尝尝。"

说完，菁菁从书包里拿出一盒精美的巧克力给瑞瑞，然后离开了。

看着手里的巧克力，瑞瑞心想：这算什么，拉拢我吗？难道我真的要在兔子和菁菁两个人之间做选择？瑞瑞有点哭笑不得。

想了一夜，瑞瑞终于有了主意：要解决菁菁和兔子的矛盾，必须了解她俩不和的原因。

第二天，瑞瑞就分别找到和菁菁、兔子要好的同学，打听她俩为什么会闹矛盾。因为瑞瑞是转学生，到这个班的时间不长，对班里以前的事情知道得不多。

很快，瑞瑞就把事情了解清楚了。原来，她俩以前是好姐妹，之所以变成今天这样，是因为一次校园演出。

"矛盾发生在四年级那年，"一个同学告诉瑞瑞，"那年'六一'全校演出，菁菁和兔子组织班

里的同学演话剧——《白雪公主》。因为兔子皮肤白皙,所以主角就定下由她来演。"

为了那次表演,兔子可没少花心思,可惜她的普通话没有菁菁好。

为了增强演出效果,兔子每天找菁菁练习台词。菁菁也热情地帮助兔子。眼看演出的日子就要到了,兔子既紧张又兴奋。

最后一次彩排时,大家穿上表演用的服装。兔子一出场便赢得大家的欢呼,她太美了,美得仿佛白雪公主从书里走出来了。

"我……"兔子面对围观的同学和老师,紧张得大脑一片空白。她不但忘了台词,甚至连一句连贯的话也说不出来。

"兔子,你怎么了?别紧张呀!"大家看到兔子这个样子，急得团团转。菁菁在旁边大声地给兔子提示，可她还是说得颠三倒四。

班主任急了，兔子这样的表现，明天怎么能演出呢？情急之下，班主任让熟悉台词的菁菁上台表演。谁知，菁菁不但记住了全部台词，而且她的表演比兔子更精彩、更投入。

之后，菁菁作为主角登台演出，并获得了巨大成功。大家的掌声和鲜花送给了菁菁，兔子成了最

失落的人。

看着被老师和同学的赞许环绕的菁菁，兔子心里又气又恨，她把一切都怪罪到菁菁身上，并死死认定菁菁早就想取代她的位置。

"菁菁真是一个狡猾的人，太虚伪、太卑鄙了！"兔子到处说菁菁的坏话，把菁菁看成了仇人。

一开始，菁菁还试着找兔子解释，可兔子根本听不进去。时间长了，菁菁觉得兔子太任性，又无理取闹，便不再理睬她。

瑞瑞了解了原因，她认为她们并没有什么深仇大恨，她们之间的矛盾是可以化解的。可是，该如何化解呢？瑞瑞心想：兔子其实很清楚，菁菁不可能是故意抢她的角色。只是当时兔子辛苦练习的结果是临场被替换，她的内心充满委屈和不满，可是她的怯场又无法怪别人。这种恨自己无能、妒忌菁菁的心理，让兔子变得不理智起来。

也许,她们需要一个机会,一个让彼此释怀的"台阶"。想清楚一切后,瑞瑞有了个好办法。

第三天,瑞瑞宣布班里将举行一场特殊的演讲比赛。

"这次比赛,禁止班里的演讲高手参加!只欢迎平时胆小、怯场的同学参加。"瑞瑞的话音刚落,教室里顿时发出一片议论声。

"这怎么比?胆小、怯场的同学根本就不知道如何演讲,这不是为难他们吗?"

"对!"瑞瑞点点头,"是有些为难他们,所以这次比赛是场上比选手,场下比教练。希望不善演讲的同学和班里的演讲高手自由组合,一起努力。比赛获胜的选手将得到奖励,教练也一并得到

奖励!"

"不错哦!"同学们一听,顿时来了兴趣,"小凡,我当你的教练吧,我一定让你夺冠!"

"阿美,我们组成一组,好吗?"

很快,教室里的同学一对对自由组合起来。

"兔子,你和谁一组?"瑞瑞假装不经意地问,然后拉着菁菁说,"你们一组吧!"

菁菁和兔子一起看着瑞瑞,班里的同学见状,纷纷拍手说:"你们一组,实力很强哦!"

兔子和菁菁组成一组后,兔子总躲着菁菁。因为她觉得和菁菁一起练习有些尴尬。一开始,菁菁觉得瑞瑞把她和兔子组成一组,是"故意"害她,可是转念一想,又觉得自己何不借这个机会和兔子"化干戈为玉帛"。

比赛的日子越来越近,菁菁找到兔子,说:"不管你以前怎么看我,现在又是怎么想的,这次比赛是咱俩的事,我希望能帮你拿到第一名。"

兔子没有再拒绝菁菁的帮助。就这样,她们和其他组一样,开始练习、纠正、再练习、再纠正的赛前准备。

一段时间后,比赛开始了,当班主任和任课老师坐上评委席的时候,兔子第一个上台演讲。这次,她不但没有怯场,没有结巴,而且还说得很精彩。

最后,兔子获得了第一名,菁菁真诚地祝贺她。

当她们共同举起奖状的时候,她们的心又重新靠在了一起。

在矛盾中成长

"绝交""割袍断交"……这些词是否经常出现在你的身边?

在家里,自己是父母的生活中心,然而到了学校,却需要和其他同学相处。没有了别人的迁就,如果自己又不懂得迁就别人,矛盾自然就发生了。

有时因为一些鸡毛蒜皮的事情,同学之间就可能大打出手。即便自己不是矛盾的中心,身边的人之间也时常会爆发各种各样的矛盾。正确处理这些矛盾,是成长中的女生必须学会的智慧。

要处理好矛盾，就必须要认清矛盾的真相，看清事情的本质，洞察矛盾中的微妙之处。矛盾发生后，如果感情用事，就会使起初的小摩擦发展成相互敌对，从而使矛盾双方的心理承受很大的压力。

大多数时候，矛盾的双方各执一词，常通过互相指责对方的错误，以掩饰自己的过失。只有发泄完对对方的不满后，双方的心情才会平静下来。如果能了解事情的真相，然后从中分析出对与错，再设法为矛盾的双方搭个台阶，矛盾也就能很好地解决了。

水在遇到石头的打击时，从来不做任何抵抗，它的软弱是一种无比深奥的智慧，这种智慧正是化解矛盾的神奇力量！人生，其实也需要这种智慧。

在我们的成长过程中，难免会遇到各种各样的矛盾，有的是自己和同学之间的矛盾，有的是朋友之间的矛盾。如何处理这

些矛盾，考验着每一个人。学习水的智慧，懂得宽容与包容，懂得给别人台阶下，我们的路才能越走越宽。

女生小攻略

处理冲突的技巧

以坦诚、相互包容的态度处理冲突,往往更能赢得别人的支持和理解。要想使冲突处理取得意想不到的效果,女生必须掌握处理冲突的技巧。

1. 沟通与协调一定要及时

同学之间必须要做到及时沟通,求同存异。只有保持沟通顺畅,才不至于因为信息不畅而导致矛盾积累。

2. 善于询问与倾听

一个善于协调与沟通的人必定是一个善于询问和倾听的行动者。询问与倾听不但有助于了解和把握对方的需求，理解对方，而且有益于与别人进行顺畅、有效的沟通。

3. 沟通要有"心"

同学之间应加强交流与沟通，避免引起猜疑。现实生活中，一些人会以邻为壑，缺少掏心掏肺的沟通与交流，因而会相互猜疑或者相互诽谤。

4. 准确的回馈

沟通是一个互动过程。比如给同学发信息，应该确定对方是否已收到；收到他人的信

息,自己可回复"已收到"等,让沟通能有一个准确的回馈。

5.不要在负面情绪中做决定

一定要避免在两个人吵得不可开交时,以及在负面情绪中做出冲动性的决定,不然很容易让事情不可挽回,令人后悔。

6.强调解决方案

面对冲突,关键是要有解决冲突的方案,多尝试,创造丰富多样且可行的解决方案,是让自己不断进步的有效方式。

一个人的公交车

我们常常在电视上看到女生被侵害的新闻,但是,你真的明白什么是身体侵害吗?学会保护自己,尤其是保护自己的人身安全,是每个女生都必须做的。

女生成长 小红书

从家到学校,沐沐要坐六站公交车。

这六站,是沐沐最孤单的路程,因为班里没有同学和她同路,所以在公交车上的多数时光,沐沐都是在凝望窗外的风景。

这天放学的时候,天已经暗了下来,公交车外的风景不再迷人。昏暗的灯光中,大家纷纷朝家的方向奔去,沐沐还是习惯性地看向窗外。

忽然,沐沐从玻璃窗中发现一个人正注视着自己。她下意识地回头去看,那人又收回目光,看向了别的地方。也许是自己误会了,沐沐心想。

车继续行驶,很快就到

站了。车门打开后,沐沐下了车,向家走去。从车站到家,沐沐需要沿着主干道步行二百米,然后右拐,走过一条一百米长的黑暗巷子。

沐沐家在一个老旧的小区里,住的人不多,但是都很友好,门房的爷爷每次看见她都会冲她微笑。沐沐一边走,一边想着家里窗口透出的温暖灯光。想到正在家里等候自己的爸爸妈妈,沐沐觉得心里暖暖的。

咔嗒,咔嗒,沐沐的鞋子撞击着巷子里的青石板。嗒嗒嗒,伴随着她的脚步声,似乎还有一个轻微的声音在她身后响着。

嗯?沐沐侧耳一听,感觉身后似乎有人。不知道为什么,沐沐想到了车上那注视自己的陌生目光。

"谁?谁在后面?"沐沐停下脚步,回头问。

黑暗中,沐沐看不到后面,也没有人回答。那

女生成长 小红书

轻微的声音戛然而止。

怦怦怦！沐沐的心跳得如同打鼓，她飞一般地朝家跑去。

"沐沐，回来了？"门房的爷爷看见沐沐，对她说道，"跑这么快干什么？小心，别摔了！"

"好。"沐沐冲门房的爷爷招招手，一口气跑上了楼。

进了家门，沐沐的心才安定下来。

"怎么了？"妈妈奇怪地看着她，"你慌里慌张干什么？"

"没……没什么！"沐沐冲妈妈笑笑，"我饿了！"沐沐没有把巷子里的事情告诉妈妈。

第二天放学，沐沐上车后发现没有座位，只能疲倦地站在车厢后部，拉着扶手。车开开停停，沐沐隐约觉得那目光又落在自己身上。沐沐看过去，一个留着八字胡的男子正冲她笑呢。

"真讨厌！"沐沐没来由地一阵反感，将头转到一边。

车经过一个大站的时候，上来好多人。车厢里变得拥挤起来。沐沐明显觉得有人紧紧靠着自己。她努力向前挪了挪，可是，那人的身体也跟着贴了过来。

沐沐有些气恼，回头狠狠地瞪了那人一眼，却发现正是"八字胡"。不好，我遇到坏人了！沐沐的第一反应便是想大喊，可她又不太敢喊。沐沐只好低下头，默默祈祷："车啊车啊，快点走吧。"

"八字胡"见沐沐没有太大的反应，似乎来劲了，竟然伸手在沐沐身上乱摸。

"你，"沐沐回头愤怒地看着"八字胡"，"你靠

女生成长 小红书

着我干什么？离我远点！"

"怎么远？车上人这么多，我能怎么着？""八字胡"无耻地对沐沐说，"你嫌挤，别坐公交车呀！"

"可恶！"沐沐气得握紧拳头，恨不得给他一拳。但是她知道自己不是这个人的对手，不能乱来。怎么办呢？突然，她灵机一动，故意摸着自己的口袋，大喊："哎哟，我的钱包怎么不见了！我的钱包怎么不见了？"

旁边的人一听沐沐说钱包不见了，纷纷看向"八字胡"，眼神中透着怀疑和厌恶，因为刚才正

是他靠着沐沐,他的嫌疑最大。

"八字胡"见大家都这么看自己,只好朝旁边挪了挪:"哼,你个小丫头还有钱包?能有几个钱?""八字胡"愤愤不平地嘟囔,沐沐则松了口气。

很快,车到站了,沐沐下了车,顺着以往的路朝前走去。

沐沐无意间回头,发现那个"八字胡"居然跟着自己。

"不好,他跟着我干什么?"沐沐隐约觉得要发生不好的事情,赶紧加快脚步。沐沐决定冲过巷子,一口气跑回家。谁知,她刚进入巷子不久,"八字胡"便追了上来,一把揪住了她的衣服。

"臭丫头,你刚才在车上嚷嚷什么?害我被大

家当成小偷了!""八字胡"恶狠狠地质问沐沐,"你想跑吗?哼,我知道你家在哪儿!"

"啊?"沐沐吃惊地张大嘴巴,"你要干什么?"

"干什么?""八字胡"的口气变得邪恶起来,"我觉得你长得挺漂亮,想和你玩玩!"说完,"八字胡"一只手卡住沐沐的脖子,另一只手不规矩地在她身上乱动。

沐沐的脑子飞快地转,她知道,如果自己乱喊,肯定会惹恼"八

字胡",怎么办呢?沐沐灵机一动,决定拖延时间,便说:"我家大人不在家,我们去公园玩吧!"

"是吗?""八字胡"犹豫地看着沐沐。

"走吧。"沐沐故意体贴地说,"这里这么黑,有什么意思?"

"行!""八字胡"松开沐沐,"那就到公园去!"

沐沐领着"八字胡"慢慢走向巷口。快到门

房的时候,"八字胡"一把拽住她的胳膊,警告她:"臭丫头,你不要和我耍花招!"

"不会啦!"沐沐故意说,"我很听话的!"

说话间,沐沐看到门房的爷爷从门房走了出来。爷爷看见沐沐和一个男人拉扯在一起,吃惊地问:"沐沐,怎么回事?"

沐沐没有回答门房爷爷的问话,而是迅速蹲下,抓起地上的沙土朝"八字胡"的脸上扔去,同时大喊:"爷爷,救我!"沐沐用力推开"八字胡",跑向门房……

"八字胡"被门房的爷爷和邻居抓住了。很快,警察带走了这个坏蛋。

"沐沐,你真机智!"门房的爷爷和警察叔叔不禁夸奖沐沐,"遇到危险和坏人,不惊慌,不乱来,用智慧打败坏人,真是棒极了!"

要避免坏人的欺负,该怎么做?

作为女生,必须懂得保护自身的安全,如果受到侵犯,应立刻告诉父母或老师,并报警。另外,为了避免被坏人欺负,女生还要注意以下几点:

首先,在日常生活中要注意,放学时,如果有人自称是父母的同事或朋友,要接你走的时候,必须告诉他,要打电话问问再说。如果有人穿着警察制服,说父母出事了,要你和他走的时候,也不要立刻跟他走,一定要牢记:先给父母打电话!

一个人外出,要选择安全路线,避开荒僻和陌生的地方。晚上不得已要外出时,一定要喊上同学或家长,千万不要独自走夜路。日常穿衣、打扮要简单得体，衣着不能暴露，也不要打扮得过于成人化，特别是不要化妆和穿高跟鞋。

行为举止要文明，不和周围的人，特别是陌生人，开无聊的玩笑，不说不得体的话。行为举止要端庄，不轻浮。遇到陌生人搭讪或者有人纠缠，应理智地回避或迅速跑向人多的地方，必要的时候，可以大喊"救命""有坏人"。

不要随便喝陌生人给的饮料或吃他们给的食物。独自在家时，注意关好门，拒绝陌生人进屋。对自称是服务或维修人员的人，告知他等家长回来再说。

晚上单独在家睡觉，如果发觉有陌生人进入室内，不要惊慌，更不要蒙着头钻到被窝里，应果断将门反锁，开灯，在窗口大声呼救，引起周围人的注意。当然，房间内有通信工具的话，要及时拨打报警电话。

其次，学一些自救方法。如果有人想伤害自己，要记住三种方式：呼救、逃跑、通知大人。逃跑的时候，一定要往人多的地方跑，别跑进小巷子或公寓楼梯间里。不要因为害怕，跑到没人的地方躲起来。

最后,如果欺负你的人是认识的人,而他威胁你说不要告诉任何人,不要听他的话,应坚决告诉父母,让父母来解决,否则他还会继续纠缠。

女生小攻略

女生应对侵害的方法

1. 预防非礼

遇到有人试图欺负自己时，千万不能胆怯、畏惧，要理直气壮、义正词严地斥责他们，在气势上把他们镇住、吓跑，借此摆脱他们，并寻求周围人的帮助。对动手动脚的非礼行为，要大声求救，求助路人，借助群众的力量，阻止坏人作恶。

下面这些地方尽量不要去，因为这些地方容易发生非礼事件：无人管理的公共厕所、高楼内的楼梯间、无人使用的空屋；夜晚的电影院、歌厅、舞厅、游戏厅、录像厅、台球厅等。

另外，搭乘公交车、地铁等公共交通工具时，请特别注意：人多拥挤时，在起步、停车或急刹车的时候，和周围的人保持合理的距离。如果有陌生人借机触碰自己，可以站到女士身边，或者厉声警告对方。因为在人多的地方，坏人通常不敢太嚣张。

2. 摆脱跟踪

如果因为一些原因，回家比较晚，身边又没有同伴，在路上要格外警惕。如果发现有人尾随自己，这表明自己可能被坏人跟踪了。面对这种情况，不能惊慌失措，要镇静。

（1）迅速观察周围环境，看清道路情况，如哪儿畅通，哪儿不通；哪儿是超市或地铁站，哪儿人少。然后跑到人多的地方，给家长打电话，让他们来接自己。

（2）回头冲后面大喊："爸爸，您不是要追上我吗？怎么还不追上来？"假装身后有家长，让坏人知

难而退。

（3）敲开附近人家的门，告诉里面的大人，自己遇到坏人了，请他们帮助自己。

最后要牢记：如果被坏人纠缠，要机智应对。在保护自身安全的基础上，可攻击坏人，如抓起地上的泥沙，撒向坏人的眼睛；用脚踢对方的要害部位；如果距离足够近，或被对方强行抱住，可在挣扎的同时攻击对方的要害部位，借机逃脱。

3. 特别为女生准备的安全锦囊

（1）不许别人触摸自己的身体。

（2）不和社会闲散人员交往。

（3）心里的委屈要告诉家长。

（4）平时有意识地收听、学习一些安全知识，学一些安全自救方法。

（5）被坏人欺负以后，要保存证据并报案。

11 勇敢面对自己的错误

一个聪明的女生,表面看起来总是在自我否定,实际上她有着充分的自信,在不断的反省中获取前进的力量,让自己变得更加优秀。

在笑笑的词典里,对和错是这样解释的:但凡符合自己心意的,都是对的;但凡自己不喜欢的,都是错的。

笑笑的爸爸在四十多岁的时候才有了笑笑这么一个独生女,所以他总是依着笑笑,尽可能地满足她的要求。

然而,笑笑得了一种怪病,只要一生气,就会喘不上气来,脸色铁青,嘴唇发紫。笑笑小时候发作过几次,爸爸妈妈都被吓坏了,所以一旦笑笑有生气的迹象,爸爸就会立刻服软,按照笑笑的意思办。

有一次,笑笑一家去爬山。走了不到半个小时,笑笑就嚷嚷着自己走不动了,要爸爸背。结果,那天在爬山的两个多小时里,笑笑一直是在爸爸的背上度过的。笑笑叽叽喳喳得像一只小鸟,爸爸却是汗如雨下,早没了看风景的心情。

还有一回,已经是夜里十点多了,全家人都准备睡觉了,笑笑看了电视上的广告,突然想吃方便面,非要爸爸去买电视上的那种方便面。

爸爸和笑笑商量说明天买给她吃,可笑笑就是不听,脸色也变了,爸爸只好连忙答应,穿上衣服就下楼了。结果,附近所有的超市和商店都关门了。无奈之下,爸爸只好坐出租车去火车站买,在候车室买到了那种方便面,然后回家给笑笑煮,一直折腾到半夜十二点。

不过,在爸爸看来,这些都不算什么,只要笑笑高兴,自己

受点累没什么。可是，最近发生的事情却让爸爸有些伤心。

七十多岁的奶奶身体一直很硬朗，一个人住在老家。前些天，奶奶突然喊心慌，爸爸带奶奶去医院检查，发现她心脏有些问题。为了照顾奶奶，爸爸把奶奶接回了家。

笑笑家的房子不大，奶奶得和笑笑挤在一个卧室里。刚过了一夜，笑笑就噘着嘴抱怨："爸爸，奶奶的呼噜声太恐怖了，吵得我一晚上都没睡好。"

奶奶怜爱地看着小孙女，说："我打呼噜了吗？那你为什么不叫醒我啊？"

"叫了，我叫了您好几回，可您一翻身就又打起来了。"

爸爸安慰笑笑说："奶奶这几天在医院折腾累了，过些日子就好了，你坚持一下。"

看奶奶在一个劲地赔笑，笑笑便没再说什么，心想:先凑合几天吧。

可是,一波未平,一波又起。

第二天刚回家,笑笑就在屋里大嚷起来:"爸爸,您快来看啊,您看奶奶把我的布娃娃弄成啥样了!"

奶奶赶紧解释:"喝药的时候,我不小心把药洒在了你的布娃娃上。我洗了好几遍,但都没有洗干净。"

"药汁怎么能洗掉呢?我的布娃娃都报废了。"说到这儿,笑笑伤心地流下了眼泪。

爸爸走过来,看了看笑笑的布娃娃,说:"爸爸重新给你买一个,别闹了,好吗?"

"我这是闹吗?这个布娃娃是我最心爱的,整整陪了我三年。"没想到,爸爸这一劝,笑笑反而更伤心了。

"不就是个布娃娃嘛,别哭,奶奶给你缝一个,

比买的还好呢!"奶奶想不明白,笑笑怎么会为个布娃娃发脾气。

"您别说了,我讨厌您!您走——您走——我不想见到您……"

"笑笑,你怎么能这样和奶奶说话?"爸爸生气地呵斥笑笑,奶奶则一脸惊愕。突然,奶奶捂着胸口,用力喘气,接着,向后倒去……

奶奶被送进了急救室,看着在急救室门口来回踱步的爸爸,看着坐在一边唉声叹气的妈妈,笑笑慌了。奶奶是被自己气倒的吗?

嘎吱一声,急救室的门开了,医生走了出来。

"医生,我母亲怎么样?"爸爸焦急地向医生询问情况,"有危险吗?"

"很幸运!因为抢救及时,病人没有生命危险。"医生告诫爸爸,"以后可千万不要再刺激老人了!"

"是是是!"爸爸直点头。一边的笑笑听到医生的话,悬着的心终于放了下来。

"笑笑,你先回家去!"爸爸走过来说,"自己弄些东西吃,我和妈妈估计要明天才能回家。"

"爸爸……"笑笑看着爸爸。呀,爸爸的鬓角何时已经染了白霜,额头上何时有了皱纹?呀,爸爸

的背好像驼了……

"我……我错了！"说完这句话，笑笑垂下头，"我今天不该惹奶奶生气。"

"笑笑，你已经不是小孩子了，说话、做事要分轻重。"爸爸摸摸笑笑的头说，"你先回家去，我和妈妈在这儿照顾奶奶。"

笑笑没说话，转过身，慢慢地走出了医院。只是，她没有回家，而是走进了一家包子铺，买了包子和粥，她想到忙了一晚上的爸爸妈妈还没吃晚饭呢。

"爸爸妈妈，给。"当笑笑把热腾腾的包子和粥递到爸爸妈妈面前时，爸爸妈妈惊呆了，这是他们第一次享受女儿的关心与照顾。

"我……我长大了，我应该体谅你们、照顾你们……"笑笑结结巴巴地说出了心底的话，"吃吧，吃了才有力气照顾奶奶！"

"乖。"爸爸的脸上浮现出昔日的慈爱，妈妈则转过脸，不想让笑笑看见自己感动的泪花。

回家的路上，起风了。笑笑把外套裹紧了些，对自己说："今天是个值得庆幸的日子。因为奶奶平安无事，因为我认识到了自己的错误！"

有时候，长大和懂事只是一瞬间的事情！

在反省中让自己变优秀

每个人都有缺点,每个人都会犯错,重要的是,我们有没有静下心来反省一下自己的勇气。

有了过失而不自知,就可能坠入错误的深渊,使自己失去更多。

一个能够进行自我反省的人,有自我否定精神,也勇于认错。反省是对心灵的洗涤,是对精神的拂拭。反省的过程就是一个人心智不断成熟的过程,是一个人心灵不断升华的过程,也是一个人修养不断提高的过程。

一个能够进行自我反省的人,能够对自己提出严格的要求并寻找自己的不足,力求弥补这些不足,也总是能够虚心听取别人的意见，从别人的意见中汲取营养，使自己变得更加出色。能够进行自我反省的人不会害怕自我批判和自我否定，因为他们知道自我否定的目的是使自己达到一个更高的层次。

当然，自省不一定全部是反面的，有时候，正面的东西也需要加以总结、巩固。

心平气和地正视自己，客观地反省自己，既是一个人修身养性必备的基本功之一，也是增强生存实力的一条重要途径。

一个聪明的女生，表面看起来总是在自我否定，实际上她有着充分的自信，能够在不断的反省中获取前进的力量，让自己变得更加优秀。

女生小攻略

自我反省的妙法

反省，就好像照镜子，可以看到自己的本来面目；反省，就好像沐浴，可以洗净内心的烦恼和污垢。智慧女生的自我反省方法如下：

1. 找一个安静的地方，安静地坐着

有时心情像是五六月的天气，说变就变。只有给自己一些思考的时间，才能觉察出自己的需要，才能听到内心深处的呼唤。

2. 在众人面前学会静默

圣人深居以避患，静默以待时。当沉静的时候，才能知道自己平常讲话也许太过急躁，很多话不经大脑就讲出来了，行事也容易冲动。静默的好处就在于可以减小自己犯错误的概率。

3. 虚心的态度是自省和进步的先决条件

一个人所犯的错误首先会被别人看到，在别人的眼中，问题会体现得更加透彻、客观。凡是能真诚地给你指出缺点的人，都是你的亲人或好朋友。同时，你应该学会感恩，感恩他人让自己进步、让自己成熟。

4. 拿出一个本子，记下一天中让自己尴尬和焦虑的事

吃一堑，长一智。记下让自己头疼的事情不是折磨自己，而是方便对自己进行反省，这些事可以成为成长过程中的一种财富。如果自己是一个没有自省习惯的人，这绝对是个好方法。

刷刷

中国作家协会会员，儿童文学作家，江苏省优秀校外辅导员，江苏省十大优秀科普作家之一。主要作品有《向日葵中队》《幸福列车》《八十一棵许愿树》《星光少年》等。作品入选"优秀儿童文学出版工程"、"向全国青少年推荐的百种优秀图书"、"中国好书"月度好书等，曾获江苏省精神文明建设"五个一工程"奖、桂冠童书奖等。有多部作品被改编为儿童广播剧、儿童音乐舞台剧、儿童电影、百集儿童校园短剧等。